PRINCIPES

DE LA

MÉTHODE NATURELLE

DES VÉGÉTAUX;

PAR

M. A. L. DE JUSSIEU.

(Article extrait du 30.e volume du *Dictionnaire des sciences naturelles.*)

PARIS,
Chez F. G. Levrault, rue des Fossés M. le Prince, N.° 31,
et rue des Juifs, N.° 33, à Strasbourg.
1824.

PRINCIPES

DE

LA MÉTHODE NATURELLE DES VÉGÉTAUX.

C'est vers la fin du siècle dernier que l'on a substitué à l'ancienne répartition des corps naturels en trois règnes, leur division plus circonscrite en corps inorganisés et corps organisés; en spécifiant que la nature des premiers, qui sont les minéraux, consiste dans leur composition élémentaire, et que sur l'organisation est fondée la nature des seconds, auxquels se rapportent les animaux et les végétaux. On ajoutoit encore que, l'étude de l'organisation étant très-différente de celle de la composition élémentaire, l'histoire naturelle se partageoit nécessairement en deux sciences distinctes par leur objet, leurs principes, leur marche et leurs conséquences.

Ces vérités ne sont point étrangères à ceux qui ont étudié cette partie des connoissances humaines; et si on leur donne ici quelque développement, c'est pour ceux qui, livrés à des travaux d'un autre genre, désirent trouver dans un exposé abrégé des notions générales sur une science agréable, qui chaque jour acquiert de nouveaux partisans.

Il convient d'abord de bien fixer les idées sur la nature et le mode d'existence des corps organisés et de ceux qui ne le sont pas. On sait que ces derniers sont composés de molécules élémentaires qui, réunies plusieurs ensemble, forment des mixtes, dont l'aggrégation constitue le corps inorganique ou minéral. Sa nature consiste dans celle des élémens qui le composent, dans leur nombre, leurs proportions, leur degré d'union ou d'aggrégation. Le corps minéral, privé de vie, ne peut se reproduire sans se décomposer, et de ses débris, diversement unis, résultent de nouveaux corps, ou semblables, ou différens. Ces divers élémens n'ont pas entre eux le même degré d'affinité; chacun d'eux, mis en contact avec d'autres, s'attache plus particulièrement à celui avec lequel son affinité est plus grande, et abandonne celui dont l'affinité est moindre. De là cette réaction perpétuelle des minéraux entre eux, réaction qui opère la destruction des uns pour déterminer la formation des autres, et qui produit ainsi la succession perpétuelle et le renouvellement des corps inorganiques.

La minéralogie et la chimie sont les sciences qui s'occupent spécialement de ces corps. La première en examine tous les caractères extérieurs : elle a su reconnoître des formes constantes propres aux divers genres d'aggrégation, et déterminer, d'après l'inspection de ces formes, la nature de chaque minéral. La chimie sépare ces aggrégations au moyen de l'analyse, et reconnoît ainsi avec certitude l'existence de leurs principes dans le corps analysé : elle porte cette connoissance au plus haut degré lorsqu'elle forme par la synthèse et avec les mêmes élémens un nouveau corps pareil au précédent. La situation naturelle de ces corps sur le globe et leur disposition respective sont l'objet des recherches spéciales de la géologie, science vaste et brillante, qui étudie la structure de la terre, et qui, pour expliquer ses diverses révolutions, a présenté successivement plusieurs théories plus ou moins satisfaisantes. Nous devons nous borner ici à cet exposé sur la nature des minéraux et sur les sciences qui s'en occupent.

La nature des corps organisés est très-différente de celle des précédens. Ils sont composés de solides et de fluides, qui exercent les uns sur les autres une action réciproque. Les solides sont formés d'abord de parties simples ou similaires, qui sont des fibres et des utricules, et qui, par leur réunion, constituent des parties organiques ou organes primitifs, tels que des membranes et du tissu cellulaire, dont la contexture produit des vaisseaux, des glandes et autres organes plus compliqués. C'est dans ces organes que circulent les fluides qui déposent dans chaque partie une portion de leurs principes servant au développement et à l'accroissement de ces mêmes parties. De l'ensemble de ces actions résulte la vie, qui est le caractère propre des corps organisés: c'est cette existence organique ou cette organisation qui constitue la nature de ces corps. Ils ne sont pas, comme les minéraux, le résultat de la décomposition d'un autre corps qui n'est plus; mais ils doivent leur naissance à un être existant antérieurement et qui a continué d'exister au moins quelque temps après les avoir produits. Ces êtres nouveaux s'accroissent, non par une juxtaposition des principes à la manière des minéraux, mais par intussusception des sucs qu'ils tirent des autres corps mis à leur portée, et que l'action de la vie transmet dans leur intérieur, pour y renouveler les fluides et ajouter aux solides de nouvelles parties. Ils éprouvent diverses vicissitudes depuis leur naissance et dans le cours de leur vie. Leur constitution pendant les premiers temps est plus tendre, plus molle, parce que la proportion des fluides est plus considérable. Peu à peu celle des solides augmente: c'est ce qui forme l'accroissement. Cette proportion devient égale à une certaine époque, qui est celle de la station ou l'état de maturité; c'est le temps où le corps organisé peut se reproduire, et former un être semblable à lui. A cette station succède le décroissement, qui est amené par la plus grande proportion des solides. Lorsque cette proportion devient excessive, les vaisseaux sont obstrués, les fibres se roidissent, les fonctions sont gênées, et leur interruption successive produit le dépérissement et la mort.

Ce mode d'existence des corps organisés est propre aux animaux et aux végétaux, qui ont beaucoup de fonctions communes, et surtout les fonctions principales tendant à la conservation de l'individu, qui consiste dans le maintien de la vie, et à la conservation de l'espèce, qui a lieu au moyen de la génération.

Mais ces deux grands règnes de la nature diffèrent par des caractères essentiels et par des systèmes d'organes qui existent dans l'un, et dont l'autre est privé. La plante, attachée à la terre, et recevant par ses racines, de ce grand réservoir, le suc propre à sa nature et à peu près déjà tout préparé, n'a pas besoin des organes qui serviroient à la transporter d'un lieu dans un autre pour chercher sa nourriture. On observe seulement que ses racines se dirigent naturellement vers le terrain qui peut leur fournir des sucs meilleurs et plus abondans : elles inspirent ces sucs par une action dont le mécanisme n'est pas connu, et les transmettent par la tige à toutes les parties du végétal.

Les animaux, au contraire, ne trouvent point leur nourriture toute préparée : ils sont obligés de se transporter d'un lieu dans un autre pour se la procurer, ou, s'ils ont fixé leur demeure dans un point, ils choisissent le lieu où cette nourriture est placée à leur proximité ; mais toujours le mouvement leur est nécessaire pour s'en emparer et pour l'introduire dans leur intérieur. Ces alimens, ainsi reçus par l'animal, ne sont pas ordinairement assez décomposés pour que ses suçoirs intérieurs puissent en extraire les parties nutritives. Il doit donc exister en lui des organes préparatoires qui réduisent ces alimens à l'état de sucs nourriciers, et d'autres qui, sous le nom d'intestins, faisant l'office de réservoir, comme la terre pour les végétaux, reçoivent en dépôt ces alimens ainsi préparés. C'est alors que commence une fonction commune aux deux règnes, et que les vaisseaux lactés de l'animal, comparés depuis long-temps par nous aux racines des plantes, tirent de ce réservoir le chyle nourricier, pendant que le résidu de la matière alimentaire est rejeté au dehors par une action propre aux animaux. Ceux-ci doivent donc avoir des organes destinés à exercer le mouvement, qui sont les muscles, et d'autres devant transmettre à ces derniers le principe de ce mouvement, qui sont les nerfs; il faut encore qu'ils soient munis d'organes de la digestion plus ou moins compliqués, selon le genre de nourriture, organes dont l'emploi consiste à préparer les alimens, à les verser dans le réservoir intestinal, à en rejeter le résidu, lorsque le suc en a été extrait. Il faut, enfin, qu'ils aient les moyens de choisir ces alimens, et ces moyens sont les sens plus ou moins parfaits, selon les besoins et le genre de nourriture.

L'animal et la plante jouissent donc tous deux de la vie et des fonctions essentielles pour l'entretenir; mais le premier a des organes de la sensibilité, du mouvement et de la digestion, qui manquent à l'autre. Le résultat des grandes fonctions qui tendent à introduire l'air dans l'intérieur de l'animal pour en tirer un principe propre à l'élaboration du suc nourricier, ainsi que de celles qui transmettent ce suc dans toutes ses parties, est le même que dans les végétaux; mais les organes qui les exercent sont en lui plus apparens et mieux connus, ainsi que le mécanisme de leur action. Il en est de même des sécrétions, dont les organes sont plus faciles à observer. L'action principale qui opère la reproduction des êtres, est la même dans les deux règnes, et varie seulement dans quelques-unes des circonstances accessoires. On retrouve enfin des rapports marqués dans la nutrition du fœtus animal ou végétal, son premier développement, sa sortie de l'organe qui a été sa première habitation, et son accroissement hors de cet organe.

Ce tableau abrégé montre la grande différence qui existe entre les corps inorganisés et les corps organisés. Il fait reconnoître que la partie de l'histoire naturelle qui s'occupe de ceux-ci, doit avoir pour objet leur organisation; que leur composition élémentaire rentre dans le domaine de l'analyse chimique. Si maintenant on ne peut révoquer en doute que sur l'organisation est fondée la véritable science des corps organisés, que cette organisation constitue leur véritable nature, il en résulte nécessairement que, pour avoir une connoissance complète de cette nature, on ne peut se contenter d'étudier quelques organes, mais que la science doit les embrasser tous. Dans les temps antérieurs elle n'étendoit pas ses vues si loin; elle ne s'attachoit qu'à nommer les êtres, et, préférant pour cela quelques-uns des organes extérieurs plus faciles à étudier, elle fondoit sur ces organes les bases de ses classifications. Se bornant à ce point, elle pensoit avoir atteint le but, lorsqu'elle étoit parvenue, au moyen d'un petit nombre d'observations, à nommer l'être soumis à ses recherches. De plus, se croyant maîtresse de choisir, pour désigner ces êtres, les organes ou les caractères qui lui paroissoient les plus commodes, elle a fait successivement différens choix au gré des auteurs. De cette liberté sont résultés divers systèmes de distribution, tous arbitraires, lesquels, fondés chacun sur une considération isolée qu'ils mettoient en première ligne, ont dû nécessiter des rapprochemens désavoués par la nature, ou rompre des réunions formées par elle.

Pour prouver cette assertion, il suffiroit de présenter une courte analyse des principaux systèmes qui ont joui dans leur temps d'une réputation méritée, et dont quelques-uns conservent encore beaucoup de sectateurs, parce qu'ils remplissent au moins un des objets de la science, celui de parvenir à nommer les êtres déjà connus et décrits. Ils peuvent être regardés comme des tables méthodiques dans lesquelles ces êtres ont été rangés provisoirement suivant un ordre convenu, pour que l'on puisse les retrouver facilement lorsqu'on voudra les disposer dans un ordre plus naturel. C'est cet ordre vers lequel doit se diriger notre étude; il doit être fondé sur des principes fixes, invariables, qui ne dépendent pas de la volonté des auteurs, comme ceux des méthodes artificielles. C'est seulement dans la nature même que l'on pourra trouver ces principes, en observant sa marche dans la formation des groupes reconnus généralement comme très-naturels. En étudiant ces groupes, on reconnoît que les êtres qui sont réunis dans chacun se ressemblent dans le plus grand nombre de leurs parties ou caractères, et que parmi ces caractères il en est qui paroissent plus constans, plus importans que d'autres. De cette double considération dérivent des conséquences faciles à tirer, en s'élevant du plus simple au plus composé, de la réunion des individus en espèces et des espèces en genres, à celle des genres en familles et des familles en classes. C'est la marche qu'on a suivie pour parvenir à la classification plus naturelle des végétaux, dont les premiers élémens et les bases se retrouvent dans deux mémoires publiés en 1773 et 1774, faisant partie du Recueil de l'Académie des sciences. Ces principes ont été plus approfondis dans un ouvrage spécial en 1789, et les zoologistes modernes, aidés de l'anatomie comparée, en ont fait plus récemment l'heureuse application au règne animal. Nous ne les suivrons pas dans l'exposition de leurs utiles travaux, qui ont été couronnés du succès. Il nous suffit d'avoir établi les grands rapports existans entre les deux règnes, et d'avoir montré que les deux sciences des corps organisés reposent sur la même base.

Celle des végétaux doit ici nous occuper exclusivement, et le champ qu'elle offre à parcourir est assez vaste lorsqu'on veut l'étudier suivant les vrais principes. Ce n'est plus alors, comme auparavant, une science artificielle, ou, suivant son ancienne définition, la science qui aide à trouver le nom des plantes connues; c'est, comme on l'a dit plus haut, la science qui observe assidument la nature pour reconnoître sa marche dans la composition des groupes formés par elle, et pour l'imiter dans l'établissement d'autres groupes, en se conformant à ses lois immuables. Mais, pour parvenir à ce but, pour pouvoir instituer ou reconnoître ces lois, il faut avoir une idée précise de l'organisation végétale, étudier toutes les parties des plantes, connoître les fonctions de chacune, pour mieux déterminer leur importance; et cette étude exige que nous rappellions au moins sommairement ces parties et ces fonctions, en tirant nos exemples d'un végétal connu, tel qu'un tilleul ou un rosier sauvage.

Une longue digression sur ce sujet, qui rentre dans le domaine de la physiologie végétale, seroit ici peut-être inutile. Nous devons supposer que ceux qui liront cet extrait, ont déjà des notions suffisantes sur les fibres et les utricules, les parties les plus simples du végétal, lesquelles, conformées en vaisseaux et en tissu utriculaire, entrent dans la composition de la moelle, du bois et de l'écorce. Ils savent encore que celles-ci servent à la formation de la racine, de la tige, des feuilles, des fleurs et des fruits; que la racine est destinée à pomper les sucs de la terre; la tige, à les transmettre aux autres parties par les vaisseaux qu'elle recèle; les feuilles, à rejeter au dehors la portion surabondante de ce suc par des pores exhalans qui couvrent leur surface supérieure, et à inspirer par les pores inhalans de leur surface inférieure le fluide répandu dans l'atmosphère pour le reporter jusqu'aux racines; et que ces fonctions, exercées par ces trois parties organiques, sont consacrées au maintien de la vie de l'individu.

Les plantes, comme les animaux, ont aussi des organes sexuels, qui concourent au renouvellement des individus, à la création de nouveaux êtres semblables aux précédens; ce qui constitue le maintien de la vie de l'espèce. Ils font partie de la fleur, dont le centre est occupé par l'organe femelle, nommé *pistil*, composé de l'*ovaire*, assimilé à la matrice des animaux, surmonté du *style* que termine le *stigmate* ordinairement spongieux et un peu humide. Ce pistil est entouré d'un ou plusieurs organes mâles nommés *étamines*, composés d'un *filet* ou support, et d'une *anthère* ou petite bourse remplie de *poussières* ou très-petites vésicules contenant l'esprit séminal, *aura seminalis*. La nature a pourvu à la conservation de ces deux organes principaux, en les entourant de deux enveloppes florales, dont la plus extérieure nommée *calice*, ordinairement verte, est continue à l'épiderme du support de la fleur; l'autre, plus intérieure, diversement colorée et de forme très-variée, porte le nom de *corolle*: on la prend vulgairement pour la fleur elle-même, parce qu'elle a plus d'apparence que les autres parties florales. A un point de maturité, ces enveloppes, qui couvroient d'abord entièrement les organes sexuels, s'épanouissent; par l'influence de la végétation et de l'action solaire, les anthères s'ouvrent avec élasticité, lancent sur le stigmate leurs poussières, qui, se fendant aussitôt, répandent sur lui l'esprit séminal. Cette vapeur prolifique, pénétrant par le style dans l'ovaire, va féconder les ovules qu'il contient. Après avoir rempli ce but de la nature, ces étamines, devenues inutiles, tombent, ainsi que la corolle, qui partage leur destinée; et le suc qui servoit à leur entretien, changeant de route, se porte à l'ovaire fécondé. Celui-ci, devenu alors jeune fruit, et noué, suivant l'expression vulgaire, prend de l'accroissement, ainsi que les ovules, qu'il rejette au dehors lorsqu'ils sont parvenus à l'état de graines parfaites. Ces graines sont alors de nouveaux individus, distincts de celui dont ils émanent, qui n'ont besoin que d'être mis en terre et de germer pour commencer leur vie. Elles ont une radicule qui doit devenir la racine, une plumule qui se changera en tige, et des lobes ou cotylédons, qui feront l'office d'organes nourriciers pendant la première végétation de la jeune plante et cesseront d'exister lorsqu'elle n'aura plus besoin de leur secours.

Si l'on suit cette plantule dans son développement, on voit d'abord que les parties fluides y sont prédominantes, qu'elle ne contient qu'une moelle très-molle, recouverte d'une écorce ou peau très-mince. Bientôt entre la moelle et l'écorce paroît une couche ligneuse, terminée à son sommet par un bourgeon ou jeune pousse : cette couche s'alonge et grossit par l'addition de nouvelles fibres, qui rejettent sur le côté la pousse terminale d'où sortira une feuille ou un rameau, et vont former au-dessus une seconde pousse, laquelle, écartée à son tour, est surmontée d'une troisième et successivement de plusieurs autres. Les pousses, en s'ouvrant, déploient leurs feuilles, qui commencent aussitôt à exercer leur action transpiratoire, propre à augmenter le volume et la force de la racine, et conséquemment de la tige. C'est ainsi que se fait l'accroissement dans un grand nombre de plantes, jusqu'au point où le nouveau végétal parvient à l'état de station ou de maturité qui annonce le parfait équilibre entre les fluides et les solides, comme on l'a exposé plus haut pour les corps organisés en général. C'est l'époque où il est propre à la reproduction, celle où se développent les fleurs, qui bientôt se changent en fruits et produisent des graines. Plus tard les solides ont la prépondérance, qui augmente au point que quelques vaisseaux s'obstruent. Le cours de la séve est gêné de plus en plus; des rameaux périssent : leur cicatrice donne entrée à l'air et à l'humidité, qui détruisent le tissu utriculaire, lien de toutes les parties, et décomposent les fibres, lesquelles se détachent et laissent des vides intérieurs. Le végétal s'affoiblit de plus en plus; ses diverses fonctions sont successivement interrompues, et enfin il cesse d'exister.

Cet abrégé de la physiologie des plantes suffit pour donner une idée de leurs parties principales et de leurs fonctions les plus importantes. Il convient encore de connoître dans ces parties quelques-unes de leurs différences les plus remarquables, sur lesquelles reposent les *caractères* qui servent à distinguer les diverses espèces, en négligeant ici celles qui influent moins sur la classification générale. Ainsi, en parlant de la racine et de la tige, après avoir distingué les herbacées des ligneuses, les annuelles des vivaces, les rampantes de celles qui s'enfoncent ou s'élèvent directement, les rameuses de celles qui restent indivises, nous insisterons davantage sur leur structure intérieure. Nous distinguerons celles qui sont formées de couches fibreuses, concentriques autour d'une moelle centrale, comme dans tous nos arbres fruitiers et forestiers, et celles qui présentent intérieurement des faisceaux de fibres ou vaisseaux épars au milieu d'un tissu utriculaire, comme dans les palmiers, les bananiers, les roseaux, la canne à sucre. Dans celles-ci la partie la plus extérieure, tenant lieu d'écorce, est la plus ferme, et l'accroissement se fait par le centre, qui est d'une constitution plus molle, à raison de l'abondance du tissu utriculaire. Dans les premières, au contraire, les couches intérieures sont plus serrées et plus fermes: chaque année une nouvelle couche, d'abord moins dense, nommée *aubier*, se forme sur les précédentes, dont le nombre indique l'âge du végétal. L'écorce qui recouvre cet aubier est d'un tissu plus lâche; ses vaisseaux sont disposés en réseau et liés par des chaînes d'utricules. On y retrouve également plusieurs couches, dont l'extérieure, exposée à l'air, est plus ferme: l'intérieure, plus molle et presque humide, reçoit le nom de *liber*. C'est entre ce liber et l'aubier que circule la séve, qui fournit à l'un et à l'autre un aliment et une nouvelle couche. Ces détails sur la structure des racines et des tiges étoient nécessaires pour faire bien connoître un grand caractère qui devra être de quelque valeur dans la classification.

Si nous passons aux feuilles, il faudra avoir égard à leur insertion près de la racine, ou sur la tige, ou sous les fleurs; à leur situation respective, considérée comme opposée ou alterne; à leur forme très-variée, à leur division en plusieurs folioles diversement unies, à leur foliation ou manière d'être avant leur développement. Quelques-unes de ces différences ne seront peut-être pas négligées dans la série des principaux caractères; d'autres, omises ici, auront une moindre valeur.

L'inflorescence ou la disposition des fleurs opposées ou alternes, sessiles ou portées sur une queue nommée pédoncule, isolées ou rapprochées en anneau, en tête, en épi, en ombelle ou parasol, en grappe, en corymbe, en panicule, pourra mériter encore quelque attention.

L'intérêt augmente, lorsqu'on s'occupe des différences observées dans la fleur. On voit d'abord un calice libre ou adhérent à l'ovaire, persistant ou caduc, variant beaucoup par sa forme, et composé de plusieurs parties nommées *sépales*, ou formé d'une seule pièce, dont le limbe ou bord supérieur est entier ou divisé. Quelques-unes de ces différences se retrouvent aussi dans la corolle, qui est *monopétale* ou *polypétale*, c'est-à-dire, composée d'une ou plusieurs pièces nommées *pétales;* offrant des formes régulières ou irrégulières; insérée sur ou sous l'ovaire, ou au calice, ce que l'on exprime par les termes d'épigyne, hypogyne et périgyne. Dans la préfloraison, c'est-à-dire, avant l'épanouissement du calice et de la corolle, on ne négligera pas de voir si leurs divisions se recouvrent en partie l'une l'autre, ou si elles se touchent simplement par leurs bords, parce que ces enveloppes offrent souvent de l'uniformité en ce point dans les plantes semblables.

On observe dans les étamines ou parties mâles leur insertion aux trois mêmes points, et une quatrième à la corolle elle-même; leur nombre, leur proportion, la séparation ou réunion des filets en un ou deux ou plusieurs corps; la séparation ordinaire ou l'union plus rare des anthères en une gaine, leur attache sur les filets, le nombre de leurs loges, leur manière de s'ouvrir, la forme des poussières qu'elles contiennent.

Dans le pistil ou organe femelle, il faut d'abord considérer l'ovaire comme tantôt *infère*, faisant corps avec le calice, tantôt *supère* et libre; comme simple, *monogyne*, ou rarement multiple, *digyne, polygyne*, divisé en deux ou plusieurs; comme uni- ou multiloculaire, contenant dans chaque loge un ou plusieurs *ovules* ou rudimens de graines, dont le nombre, la position et le point d'attache doivent être vérifiés avant qu'un développement ultérieur ait pu les déplacer ou occasioner l'avortemement d'un ovule, ou d'une loge, ou de l'ovaire lui-même. Cet ovaire est souvent *monostyle*, portant un seul style; plus rarement *distyle*, *polystyle*, surmonté de deux ou plusieurs; quelquefois *astyle* dépourvu de cet organe. Un ou plusieurs stigmates terminent chaque style, ou sont portés immédiatement sur l'ovaire.

En considérant ces diverses parties de la fleur, on voit que quelques-unes peuvent manquer, rarement le calice, plus souvent la corolle dans les fleurs dites alors *apétales* ou *apétalées*. Quelquefois c'est un des organes sexuels dont l'absence, ou ordinaire, ou occasionée par un avortement, donne lieu à la distinction des fleurs *mâles* et des fleurs *femelles*, tantôt *monoïques* portées sur le même pied, tantôt *dioïques* séparées sur des pieds différens, tantôt *polygames*, lorsque des fleurs *hermaphrodites* ou pourvues des deux sexes sont mêlées avec des mâles ou des femelles. Les fleurs *neutres*, dans lesquelles ils manquent tous deux à la fois, sont négligées par la science et n'offrent quelque intérêt que dans les jardins d'ornemens, lorsque la culture les a fait doubler par une surabondance de séve qui a changé leurs étamines en pétales. Cette dégénérescence sert seulement à confirmer la grande analogie entre les filets des étamines et la corolle, dont l'origine et la nature sont les mêmes.

Dans le fruit qui succède à l'ovaire, on distingue le *péri-*

carpe contenant, et la *graine* contenue. Le premier est de même libre ou adhérent, simple ou multiple, uni- ou multiloculaire. On y distingue son tégument extérieur, et celui qui revêt intérieurement les loges, et la substance intermédiaire entre les deux. On doit encore observer sa conformation extérieure en capsule, gousse, silique, follicule, baie, brou, etc.; sa substance charnue, pulpeuse, membraneuse, coriace, osseuse, etc.; sa manière de s'ouvrir, la disposition des cloisons qui séparent ses loges, et des réceptacles ou *placentaires* auxquels sont attachées les graines; la position et le nombre de celles-ci, et la forme du cordon qui les attache au péricarpe.

Une graine, examinée isolément, est un véritable œuf végétal qui doit devenir une plante nouvelle. Tantôt on la distingue facilement du péricarpe qui la contenoit; tantôt elle fait corps avec lui, ou au moins en est comme revêtue, au point que, ne s'ouvrant pas, il paroît être simplement un des tégumens ou pellicules qui la recouvrent, et alors on la qualifioit de graine nue. Plus récemment on a nommé *cariopse* celle qui avoit contracté une adhérence, comme dans les plantes graminées, et *akène* celle qui étoit seulement recouverte, comme dans les composées. La graine en général, vue à l'extérieur, présente des formes différentes : elle est recouverte d'une ou plus souvent de deux tuniques dont l'intérieure est membraneuse; l'extérieure est souvent pareille, quelquefois coriace ou crustacée, ou même osseuse. On trouve sur sa surface un point en forme de cicatrice, nommé ombilic ou *hile*, par lequel les vaisseaux du placentaire et du cordon ombilical lui apportent son suc nourricier. Le *micropile*, autre point voisin du hile et souvent non apparent, est indiqué comme le vestige d'une autre ouverture, donnant passage dans l'origine à des vaisseaux propres, venant de l'intérieur du style jusqu'à l'ovule, qui lui ont transmis le principe propagateur et qui se sont rompus après avoir rempli leur office, suivant l'observation de M. de Saint-Hilaire.

L'intérieur de la graine dégagée de ses tégumens présente un *embryon* composé de la *radicule*, de la *plumule* et des lobes ou *cotylédons*, au nombre de deux ou d'un seul, lesquels manquent dans une série de plantes : ce qui donne lieu à la distinction des embryons *dicotylédones*, *monocotylédones* et *acotylédones*. On a encore observé que, dans les plantes à embryon monocotylédone, la radicule est engagée dans une poche particulière un peu charnue, et que dans celles à embryon dicotylédone la poche n'existe pas et la radicule est libre : ce qui a fait nommer les premiers embryons *endorrhizes*, et les seconds *exorrhizes*. Cette radicule, soit libre, soit engagée, devant sortir la première dans la germination, est ordinairement dirigée à l'extérieur vers le hile ou point d'attache de la graine; quelquefois cependant elle est dans une direction différente. Tantôt l'embryon occupe seul tout l'intérieur de la graine, tantôt il est accompagné d'un autre corps nommé *périsperme*, composé uniquement de tissu utriculaire et dénué de vaisseaux, comparé à l'*albumen* ou blanc de l'œuf des animaux ovipares. Ce corps, qui n'a aucune adhérence marquée avec l'embryon et avec ses tégumens, est d'une substance farineuse, ou cornée, ou charnue, ou plus rarement mucilagineuse : il entoure souvent l'embryon, ou plus rarement il est entouré par lui ou placé à son côté; ou, occupant lui-même presque tout l'intérieur, il recèle cet embryon, alors très-petit, dans une cavité ou fossette pratiquée près du hile.

Nous terminons ici l'exposé des principales différences observées dans les parties précédemment énoncées, en négligeant toutes celles que, pour l'objet qui nous occupe, il est moins nécessaire de passer en revue, et qui sont très-détaillées dans les livres élémentaires de botanique. De toutes ces différences dérivent les *caractères*, dont l'étude fait la base de la science qui établit les rapports des plantes en raison de ces caractères semblables ou différens. Les plantes qui se ressemblent dans toutes leurs parties, sont des individus d'une même *espèce*, lesquels, nés d'individus pareils plus anciens, doivent à leur tour en produire d'autres semblables; et ainsi l'espèce doit être définie une succession d'individus entièrement semblables, perpétuée au moyen de la génération. Cette uniformité généralement constante dans la série des êtres qui forment ce premier groupe naturel, peut cependant subir quelques modifications ou dégénérescences déterminées par le sol, le climat, l'exposition, et surtout par la culture, qui a produit des variétés nombreuses dans les fruits, les plantes d'ornemens, les herbes potagères et céréales. La durée de ces variétés dépend de celle de leurs causes; et lorsque celles-ci cessent d'exercer leur influence, la reproduction par graines ramène les variétés à leur espèce primitive après une ou plusieurs générations. Le vrai fondement de la botanique, son objet principal, est cette espèce pure, représentée par un de ses individus; elle en examine tous les caractères, elle les compare avec ceux d'autres espèces représentées de la même manière, et de cette comparaison, qui fait connoître l'organisation ou la nature de chacune, elle déduit leurs divers degrés d'affinité.

Ce travail donne lieu à un premier rapprochement des espèces semblables en beaucoup de points, dont l'assemblage prend le nom de *genre*. Les règles pour établir ces genres ont été d'abord très-incertaines, et les genres dès-lors très-défectueux. On a fait un premier pas vers leur amélioration, en reconnoissant que leurs caractères devoient être choisis dans la fructification de préférence aux autres parties. Mais alors les divers organes de la fleur étoient moins connus; quelques-uns, négligés comme moins importans, n'étoient point employés pour caractériser les genres, ce qui donnoit moins de latitude aux auteurs pour multiplier leurs signes distinctifs. Tels ont été ceux de Tournefort, le réformateur de la science, en 1694 : malgré cet inconvénient, beaucoup de ses genres ont mérité d'être conservés. Il ne connoissoit pas les sexes des plantes et ne considéroit les étamines que comme des tuyaux excréteurs. Cette connoissance des organes sexuels, reconnus comme les parties essentielles de la fleur, fit une nouvelle révolution dans la botanique, et Linnæus, en 1737, en tira un parti avantageux pour faire des genres mieux caractérisés et dont la plupart sont maintenant admis. Mais, en accordant à tous les caractères de la fructification le droit de concourir à la formation des genres, en rendant pour eux ce droit exclusif, il a contrarié une loi de la nature, qui dans plusieurs circonstances paroît donner moins d'importance à certains caractères de la fructification qu'à quelques-uns existant hors d'elle, comme l'on s'en convaincra dans la suite de cette exposition. Les services rendus à la science par ce savant professeur suédois ne se bornent pas à la formation de ses genres; il a fait de plus disparoître l'ancienne nomenclature de Bauhin et de Morison, adoptée avec répugnance par Tournefort, et composée de plusieurs mots qui formoient une phrase entière, trop longue pour dénommer, insuffisante pour caractériser la plante. Au nom substantif désignant le genre, Linnæus n'a ajouté qu'un seul nom, souvent adjectif, pour distinguer l'espèce, ce qui a beaucoup simplifié cette nomenclature. Les phrases descriptives qu'il a jointes à chaque nom, sont très-utiles pour faire mieux connoître chaque espèce. Nous ajouterons qu'il a étendu cette forme de nomenclature et de description aux diverses classes du règne animal; il les a parcourues successivement, en inventant pour chacune un langage particulier, en termes techniques, propres à caractériser brièvement les êtres qui la composent. Ces innovations ont beaucoup contribué aux progrès de l'histoire naturelle, en rendant plus facile et plus expéditive la composition des livres sur ces sciences et la communication entre les savans; et l'on peut dire que, par ses genres, sa nomenclature et ses formes descriptives, il a plus fait pour l'histoire naturelle que ses prédécesseurs.

Après avoir établi les genres, il falloit chercher à les disposer suivant un ordre convenable, pour les retrouver facilement et pouvoir appliquer sans embarras à une plante observée le nom qui lui avoit été donné : objet premier et presque unique de la science, suivant son ancienne définition. Les anciens, qui avoient échoué dans la confection des genres, n'ont pas été plus heureux dans leur classification. Dès qu'on eut attribué aux parties de la fructification le privilége de donner de bons caractères génériques, on reconnut facilement qu'elles seules pouvoient présider à la classification générale. Plusieurs avoient concouru ensemble pour les genres; on jugea que les classes devoient être fondées sur une seule. Comme la science étoit alors arbitraire, les opinions furent partagées sur le choix. Il falloit préférer celle qui donneroit seule et avec facilité un plus grand nombre de divisions bien tranchées, et, par une espèce d'hommage tacite rendu à l'ordre naturel, on étoit disposé à regarder comme plus parfaite la classification qui conserveroit un plus grand nombre des séries reconnues généralement comme très-naturelles.

On avoit essayé infructueusement le calice et le fruit.

Tournefort, en 1694, fut plus heureux en choisissant la corolle, qu'il désignoit toujours sous le nom de la *fleur;* et il fonda sur elle la première méthode qui ait eu beaucoup de sectateurs. Ses principales divisions étoient tirées de la présence ou de l'absence de cette corolle, de son isolement ou de sa réunion avec d'autres dans un même calice ou involucre, du nombre de ses parties en la considérant comme monopétale ou polypétale, de sa forme régulière ou irrégulière, des différentes figures affectées dans cette forme. De plus, soit pour obéir à un préjugé du temps, soit pour multiplier ses divisions, il a séparé primitivement les herbes des arbres, et a fait dix-sept classes dans les premières et cinq dans les seconds. Cette méthode a l'avantage d'être fondée sur une partie très-apparente, et conséquemment facile à observer, et, de plus, elle conserve dans les classes et les sections beaucoup de séries naturelles. Mais on ne peut adopter sa distinction des herbes et des arbres, qui sont fréquemment réunis dans beaucoup de groupes naturels et même dans plusieurs genres. La distinction des figures des corolles, en cloche, en entonnoir, en rosette, tend également à établir des séparations ou des réunions contraires à la nature; et les classes des liliacées, des caryophyllées, sont caractérisées trop vaguement. Cependant cette méthode a subsisté long-temps au Jardin royal de Paris, où Tournefort lui-même l'avoit établie, et si nous osons ici la critiquer en plusieurs points, c'est avec le respect dû à la mémoire d'un grand homme, à qui la science doit sa première restauration.

La découverte des sexes fit reconnoître qu'il existoit dans la fleur des parties plus essentielles que la corolle. Linnæus en profita habilement en 1737, et choisit les étamines ou organes mâles pour base de son système. Il les considéroit comme apparentes ou cachées, comme réunies avec l'organe femelle, ou séparées; ensuite il avoit égard à leur nombre, leur proportion, la réunion de leurs parties, leur insertion sur le pistil, et il est parvenu ainsi à former vingt-quatre classes, dont treize portent sur le nombre, et une d'elles sur l'insertion au calice, les deux suivantes sur la proportion de deux ou quatre étamines plus longues et deux plus petites. Il en consacre quatre à la réunion des filets en un, ou deux, ou plusieurs paquets, et des anthères en une seule gaine. Sa vingtième mentionne l'insertion au pistil. La séparation des deux organes sexuels dans des fleurs distinctes portées sur le même pied ou sur des pieds différens, et le mélange de ces fleurs avec des hermaphrodites, donnent les moyens de former encore trois classes. Enfin, dans une dernière, il rassemble les plantes dont la fructification est cachée ou inconnue. Ce système est ingénieux; il a l'avantage d'être fondé sur une seule partie, et ses classes sont caractérisées avec simplicité et précision. Les sections formées dans chacune sont tirées ordinairement du nombre des parties du pistil ou organe femelle. Il remplit bien deux des conditions précédemment requises pour la meilleure classification : il est fidèle à l'unité, et il parvient à classer les plantes de manière que l'on puisse facilement les retrouver et les nommer, quoique cependant ses caractères échappent quelquefois à la vue, à cause de leur petitesse, qui exige souvent l'emploi de la loupe. Ce système, étayé de plus par de bons genres, et par une nomenclature facile et expéditive des espèces brièvement décrites, a dû être généralement adopté et faire abandonner celui de Tournefort, qui n'offroit pas la même unité, la même précision, des genres aussi bien caractérisés ni une nomenclature aussi simple; mais, en reconnoissant ses avantages, nous sommes forcés de dire qu'il s'éloigne beaucoup de l'ordre de la nature, dont il conserve à peine quatre ou cinq séries. L'auteur n'a pu, pour ses vingt-quatre classes, tirer des étamines vingt-quatre caractères de valeur égale, et il a été forcé d'en adopter qui sont peu importans et très-variables dans les groupes naturels. Nous pouvons nous contenter de citer ici le nombre qui, dans douze de ses classes, présente des rapprochemens inadmissibles par un vrai naturaliste, tandis qu'il sépare des genres semblables en tout point, excepté dans le caractère classique. Plusieurs de ces genres sont aussi décomposés, et leurs fractions sont dispersées dans diverses classes. Cependant, par l'effet d'une conviction intime du vice de ces décompositions, elles n'ont pas été étendues par lui à tous les genres, et quelques-uns ont été conservés avec des espèces différentes dans le nombre de leurs étamines. Ce nombre varie aussi dans les fleurs d'une même plante, et de plus le moindre avortement peut déranger un caractère de classe : ce qui augmente les difficultés du système, et prouve combien il s'éloigne de la nature.

Nous devons abréger les observations critiques sur les méthodes artificielles. Celles qui ont été présentées, suffisent pour montrer que ces méthodes, même les plus estimées, sont de simples tables disposées suivant des signes de convention, propres, comme on l'a dit en parlant des corps organisés en général, à trouver facilement le nom des plantes; mais elles ne peuvent joindre à cet avantage celui de faire connoître leurs rapports naturels, leur organisation entière, et conséquemment leur nature.

On doit donc diriger les recherches vers l'ordre qui seul peut remplir ces dernières conditions. Il a été l'objet des méditations de quelques savans distingués à diverses époques. Magnol a le premier, en 1689, cherché à faire des rapprochemens naturels sous le nom de familles : si son travail, qui n'étoit qu'un premier essai en ce genre, n'obtint pas l'assentiment de ses contemporains, il a au moins le mérite d'avoir le premier eu l'idée de la réunion des plantes en familles. Linnæus, reconnoissant lui-même, dans une courte préface, l'insuffisance de son système pour établir les véritables affinités, et avouant la prééminence de la méthode naturelle vers laquelle les naturalistes doivent porter toutes leurs vues, proposa peu après, en 1738, une série de groupes, qu'il nomma *fragmenta methodi naturalis;* il les a changés à plusieurs reprises, jusqu'en 1764, toujours sous la simple forme de catalogue, sans indiquer les principes adoptés par lui pour la formation de ces groupes et pour leur ordre de distribution. Bernard de Jussieu, chargé par Louis XV, en 1759, de former à Trianon un jardin de botanique, disposa en ce lieu les plantes en familles, n'employant également que la forme de catalogue, sans autre indication ultérieure. Cette série, conservée, comme un monument précieux, à la suite de l'introduction de notre *Genera plantarum*, paroit plus naturelle que les *fragmenta* de Linnæus, comme l'on peut s'en convaincre en les comparant ensemble. Les familles publiées par Adanson, en 1763, forment un corps d'ouvrage dans lequel l'auteur caractérise à sa manière, soit les familles, soit les genres rapportés à chacune; mais, comme ses prédécesseurs, il n'indique pas les principes d'après lesquels il a procédé. Cette omission, jointe à d'autres causes, a probablement empêché que cet ouvrage ne fût adopté par les botanistes existans à cette époque.

Pour apprécier avec exactitude ces divers essais, nous devons examiner jusqu'à quel point ils sont conformes aux principes déjà indiqués pour les corps organisés, et dont il faut faire ici l'application aux végétaux.

Celui qui est relatif à la *réunion des individus semblables dans toutes leurs parties*, pour constituer l'espèce, n'a jamais éprouvé aucune contradiction.

On a également reconnu, au moins tacitement, le principe qui exige le *rapprochement des espèces semblables dans le plus grand nombre de leurs caractères* pour la formation des genres; mais, comme on l'a vu plus haut, il a été diversement interprété ou modifié. Par exemple, Linnæus, adoptant rigoureusement l'opinion ancienne de Gesner, qui vouloit que les caractères génériques fussent tirés des organes de la fructification, avoit assigné, sous forme de loi botanique, à ces organes le privilége exclusif de caractériser les genres. Il différoit en ce point de Tournefort, qui accordoit à la vérité la primauté à ces organes, mais qui leur associoit aussi quelquefois des caractères secondaires pris hors de la fructification. Quoique la loi établie par Linnæus ait été généralement adoptée, et qu'elle ait même contribué au perfectionnement des genres, cependant elle n'est pas toujours conforme à la loi de la nature, qui place assez souvent certains caractères des tiges ou des feuilles au-dessus d'autres tirés des étamines, ou du pistil, ou des enveloppes florales. Ainsi le caractère de feuilles opposées est plus constant dans la valériane et la gentiane, que celui de trois étamines dans le premier de ces genres et de cinq dans le second. Les feuilles sont toujours alternes dans le *delphinium* et la pivoine, dont le nombre des ovaires varie. On sait encore que la corolle peut exister ou manquer entièrement dans les frênes et les érables, qui sont des arbres à rameaux toujours opposés ainsi que les feuilles. Ces exemples, auxquels on pourroit en ajouter beaucoup d'autres, suffiront pour prouver que plusieurs caractères de la fructification sont quelquefois moins importans que d'autres qu'elle ne fournit pas.

Il faut encore observer que la loi qui accordoit une prérogative aux caractères tirés de la fructification, ne déterminoit pas si dans ce nombre quelques-uns devoient avoir une prééminence sur les autres. Cependant ce point important ne peut être réglé d'une manière arbitraire. On doit ici consulter la nature, et voir quelle marche elle a suivie dans les rapprochemens regardés généralement comme très-naturels. Tels sont beaucoup de genres conservés par tous les botanistes et principalement par Linnæus. Indépendamment de ceux mentionnés plus haut, nous citerons le muguet, le lis, l'aristoloche, la renouée, l'amarante, la primevère, le liseron, l'airelle, le nerprun, l'angélique, la renoncule, la saponaire, le ciste, la saxifrage, le jasmin, le laurier, l'eupatoire, le rosier, le mélastome, le trèfle.

Si nous examinons successivement ces vingt genres, nous trouvons d'abord que certains caractères sont constamment uniformes dans toutes leurs espèces. L'embryon est monocotylédone dans les deux premiers, dicotylédone dans tous les autres. L'insertion des étamines est hypogyne dans l'amarante, la renoncule, le ciste et la saponaire; épigyne dans l'aristoloche et l'angélique; périgyne dans le muguet, le lis, la renouée, l'airelle, la saxifrage, le laurier, le nerprun, le trèfle et le mélastome; épipétale dans la primevère, le liseron, le jasmin et l'eupatoire. De plus, relativement aux quatre derniers, dont la corolle est staminifère, on observe que cette corolle est toujours hypogyne dans les trois premiers, épigyne dans le dernier. On remarquera encore que dans ceux des autres genres qui sont munis d'une corolle non staminifère, elle est toujours insérée à la même partie que les étamines.

Quelques caractères moins constans présentent un petit nombre de différences dans les espèces de plusieurs de ces genres. La graine est périspermée dans les quatorze premiers genres, non périspermée dans les cinq derniers; le jasmin seul a des espèces périspermées, et une ou deux qui ne le sont pas. La corolle n'existe jamais dans le muguet, le lis, l'aristoloche et le laurier: on la trouve constamment dans tous les autres, à l'exception du nerprun, dont une espèce en est dépourvue; ce qui a déjà été observé précédemment pour quelques frênes et érables. On voit, dans la primevère, le liseron, le jasmin, l'airelle et l'eupatoire, une corolle monopétale; mais elle est si profondément découpée dans une espèce d'airelle qu'on la croiroit polypétale. D'une autre part, dans neuf genres caractérisés comme polypétales, deux offrent l'exemple d'une corolle monopétale, constamment dans un trèfle, accidentellement dans une saponaire.

Les variations sont plus fréquentes dans le nombre des étamines du muguet, de la renouée, de l'amarante, de l'airelle, du nerprun et du laurier. Le pistil n'a pas le même nombre de parties dans la renoncule et le rosier, ainsi que dans le *delphinium* et la pivoine mentionnés plus haut. Ce pistil ou ovaire, non adhérent au calice dans quatorze genres, adhérent dans l'aristoloche, l'airelle, l'eupatoire et l'angélique, présente la réunion de ces deux caractères dans le mélastome et la saxifrage. Le nombre des loges du fruit varie dans le ciste, le muguet, le liseron, le mélastome. Ce dernier genre montre des fruits en baie et des fruits capsulaires. Nous nous dispenserons de citer encore les différences plus fréquentes dans le nombre des graines, leur point d'attache, la forme de la corolle ; la nature de la tige, considérée comme herbacée ou ligneuse ; la situation des feuilles. Ces variations sont habituelles dans les feuilles simples ou composées, entières ou inégales à leur bordure ; dans la substance, la grandeur, la couleur des diverses parties, etc.

Si on multiplioit les exemples, on auroit toujours les mêmes résultats, et l'on seroit toujours forcé de reconnoître que, dans les genres très-naturels, il existe des caractères invariables, d'autres seulement variables par exception ; d'autres tantôt constans, tantôt variables ; d'autres, enfin, presque toujours variables. On reconnoîtra également la prééminence des caractères constans sur ceux qui ne le sont pas. De là résulte un second principe très-naturel, savoir : *les caractères, dans leur addition, ne doivent pas être comptés comme des unités, mais chacun suivant sa valeur relative, de sorte qu'un seul caractère constant soit équivalent ou même supérieur à plusieurs inconstans, unis ensemble.* Alors, dans la formation des genres, il faut toujours avoir égard à cette valeur relative, et ne jamais rapprocher les espèces qui diffèrent par les caractères de premier ordre. Ceux-ci doivent toujours être mis en première ligne dans chaque genre, et les autres leur sont associés suivant leur degré de constance. Les genres ainsi composés sont toujours naturels. Ils peuvent être plus ou moins nombreux en espèces, et lorsque ce nombre est trop considérable, on les subdivise en sections désignées par des caractères d'ordre inférieur, ou même on fait de ces sections autant de genres distincts, ainsi que Linnæus l'a exécuté pour les genres *Gramen* et *Lychnis* de Tournefort. Ce partage est presque indifférent dans l'ordre naturel, pourvu que la série ne soit pas rompue, comme elle l'a été pour ces deux genres dans le systême artificiel, et que les espèces restent dans la place primitive que la nature leur a assignée ; car il n'y a pas d'autres règles naturelles pour la formation des genres et le nombre de leurs espèces. Nous observerons ici qu'en suivant cette règle naturelle, on passe souvent d'un genre à un autre, par des transitions insensibles, de la derniére espéce de l'un à la première du suivant, pendant que les systêmes artificiels, qui veulent des genres très-tranchés, ne les obtiennent quelquefois qu'en éloignant l'un de l'autre ceux dont l'affinité est plus grande.

Après avoir ainsi établi les genres, nous devons les réunir en groupes plus composés, non en employant pour cela un seul caractère, à la manière des auteurs systématiques, mais en suivant la marche déjà tracée pour la construction des genres : leur caractère général est formé de tous les caractères particuliers communs aux espèces dont ils sont composés. De même, considérant ces genres comme des êtres simples, nous sommes tenus de rapprocher en famille ceux qui se ressemblent par beaucoup de caractères et surtout par les plus constans, et de former le caractère général de chaque famille de la réunion des caractères communs aux genres qui s'y rattachent. C'est ainsi que l'on obéit aux principes simples, précédemment énoncés.

Nous pouvons encore vérifier la rectitude de ces principes et des règles indiquées pour la réunion des genres, en observant la marche de la nature dans la formation de plusieurs familles généralement avouées : telles sont les graminées, les liliacées, les labiées, les composées, les ombellifères, les crucifères, les légumineuses, dont l'examen détaillé offre les mêmes résultats que celui des genres, les mêmes degrés de constance dans les caractères. L'embryon de la graine est toujours monocotylédone dans les deux premières, dicotylédone dans les cinq autres. L'insertion des étamines est hypogyne ou sous le pistil dans les graminées et les crucifères, épigyne ou sur le pistil dans les ombellifères, périgyne ou au calice dans les liliacées et les légumineuses, sur la corolle dans les labiées et les composées. La corolle est nulle dans les graminées et les liliacées; monopétale dans les labiées et les composées; polypétale dans les ombellifères, les crucifères et les légumineuses : mais dans ces deux dernières, elle avorte quelquefois, et devient monopétale dans quelques légumineuses. Sa propre insertion, généralement constante dans toutes ces familles, est la même que celle des étamines, excepté quand elle les supporte. Les graminées, les ombellifères, ont un périsperme; il manque dans les composées et les crucifères, ainsi que dans quelques liliacées, dont la majorité est périspermée. La tunique intérieure, qui recouvre la graine de quelques labiées et d'une grande section des légumineuses, est épaissie, comme charnue, et imite un périsperme, que l'on ne retrouve pas dans les autres genres de ces deux familles. Le nombre des étamines ne paroit constant que dans les ombellifères, pourvu qu'on en détache la famille ou section des araliacées; il varie par avortement dans les crucifères et les labiées, et sans avortement dans les autres. Le caractère du fruit libre ou du fruit adhérent au calice varie dans les liliacées, divisées maintenant pour cette raison en plusieurs familles; ce fruit est tantôt charnu, tantôt capsulaire, dans les mêmes. Les feuilles sont opposées dans les labiées, alternes dans les graminées et les ombellifères, généralement alternes et très-rarement opposées dans les crucifères et les légumineuses, tantôt alternes et tantôt opposées dans les liliacées et les composées. Toutes offrent des exemples de tige herbacée et de tige ligneuse réunies dans la même. Il est inutile de passer en revue tous les autres caractères moins importans, qui sont généralement plus ou moins variables.

On voit ici que la valeur relative de tous les caractères énoncés n'est pas encore déterminée avec précision; mais ils peuvent cependant être répartis dans quatre séries ou ordres, dont la valeur différente n'est pas douteuse. Dans le premier sont les caractères absolument invariables, toujours les mêmes dans les groupes, soit partiels soit généraux, regardés comme très-naturels; tels sont le nombre des lobes de l'embryon, qui entraîne à sa suite la structure de la tige en couches concentriques ou en faisceaux épars, la situation respective des étamines et du pistil, ou autrement l'insertion des étamines sur ou sous le pistil ou au calice, et l'insertion de la corolle à un de ces trois points lorsqu'elle porte les étamines : tous ces caractères, constans dans chaque famille, sont incompatibles entre eux et ne peuvent exister ensemble dans la même. On range dans le second ordre les caractères généralement constans, mais pouvant varier par exception, tels que celui de la corolle considérée comme monopétale, ou polypétale, ou nulle. La présence ou l'absence du périsperme tient le milieu entre celui-ci et le suivant. Le troisième, plus nombreux que les précédens, réunit les caractères constans dans quelques genres ou familles, inconstans dans d'autres, savoir : le nombre et la proportion des étamines, leur réunion par les filets ou les anthères, la déhiscence et le nombre des loges de celles-ci, l'adhérence ou la non-adhérence du pistil avec le calice, la structure et le nombre des diverses parties de ce pistil, la substance du fruit, le nombre de ses loges, leur déhiscence, la disposition des cloisons intérieures et des placentaires, le nombre, l'attache et la direction des graines, la disposition et la forme de l'embryon, la tige herbacée ou ligneuse, l'opposition ou l'alternation des rameaux et des feuilles. Dans le quatrième ordre on repousse tous les caractères inférieurs trop variables pour aider à caractériser des familles, rarement admis dans la désignation des genres, employés plus habituellement pour distinguer les espèces, comme sont la forme, la grandeur, la couleur de plusieurs parties, la disposition des fleurs, les feuilles considérées comme simples ou composées, sessiles ou pétiolées, radicales ou caulines, etc.

Après avoir établi ou reconnu ces quatre ordres, on sera conduit naturellement à statuer qu'il ne faut réunir dans une même famille que les genres toujours semblables dans les caractères du premier ordre, presque toujours dans ceux du second, et souvent dans ceux du troisième. Chacun de ceux-ci peut varier séparément sans déranger le caractère général qui résulte de la majorité persistante. C'est ainsi que dans les crucifères, qui ont ordinairement six étamines et quatre pétales, on voit une espèce dont les pétales ont disparu, et d'autres qui ont perdu quelques étamines. Dans les labiées, qui doivent avoir quatre étamines, une corolle irrégulière à deux lèvres et quatre graines nues, on observe plusieurs genres réduits par avortement à deux étamines, un *Teucrium* dont la corolle terminale est régulière à cinq lobes et munie de cinq étamines, et le genre *Colinsonia* dont trois graines avortent toujours. Ainsi, sans égard à ces légères variations, le naturaliste ne doit voir que l'ensemble des caractères, en conservant toujours à ceux des ordres supérieurs leur prééminence.

Lorsque les familles auront été formées d'après ces règles invariables qui déterminent le véritable degré d'affinité, elles devront être distribuées en classes; et il est évident que les caractères de ces classes ne peuvent être choisis que parmi les caractères du premier ordre, parmi les invariables, qui ont une valeur infiniment supérieure aux autres. S'il est question d'établir dans ces classes des subdivisions, elles seront désignées par d'autres caractères du même ordre, ou, à défaut des premiers, par ceux du second ordre. C'est ainsi qu'en procédant rigoureusement on obéira aux lois des affinités fondées sur les principes précités, et on ne risquera pas de s'éloigner de la nature, de séparer ce qu'elle a réuni, ou de rapprocher ce qu'elle a séparé. On conçoit qu'il ne peut y avoir d'autre marche à suivre, qu'il ne doit exister qu'une méthode de distribution, laquelle doit être l'objet continuel de nos recherches; que toutes les méthodes qui s'écarteront de ces lois seront artificielles comme les principes qui leur serviront de base, et que, plus les caractères qu'elles auront mis en première ligne seront inférieurs dans l'échelle naturelle, plus elles s'éloigneront de la nature. On peut vérifier cette assertion dans l'examen des diverses méthodes artificielles qui ont eu de la célébrité. Elle expliquera pourquoi la méthode de Tournefort, fondée sur la corolle, organe secondaire, est cependant plus naturelle que le système de Linnæus, quoique plus précis et plus régulier. Le premier a employé, sans le savoir, un caractère du second ordre; le second, au contraire, a préféré dans les étamines, qui sont plus importantes, des caractères qui le sont moins et rentrent dans le troisième ordre.

Les premières divisions des végétaux doivent, comme on vient de le dire, être fondées sur des caractères tirés du premier ordre, et parmi ceux-ci le choix ne sera pas difficile à faire. Il doit rouler sur la graine ou sur les organes sexuels. Ces organes n'existent que pour la formation de la graine, qui est le but principal de la nature, le complément des fonctions des végétaux. La graine, ou plutôt l'embryon qu'elle contient, doit donc donner les premiers caractères, surtout si l'on considère qu'il est moins une partie de la fructification qu'un individu distinct de la plante-mère et non encore développé; que tous les caractères de celle-ci sont concentrés en lui, de manière que les différences remarquables et simples qu'il manifeste en naissant, doivent influer sur son développement général et sur son organisation entière. Ces différences premières, observées dans l'embryon, consistent dans le nombre de ses lobes ou cotylédons, et donnent lieu à une division générale en plantes dicotylédones qui ont deux lobes, plantes monocotylédones qui en ont un seul, plantes acotylédones qui en sont dépourvues. Cette première division est démontrée comme la plus naturelle, non-seulement parce qu'elle porte sur une réunion de caractères resserrés dans le plus petit volume, mais encore parce qu'elle conserve dans leur intégrité toutes les familles avouées, ainsi que les genres généralement adoptés. Elle est fortifiée par la conformité de la structure intérieure des tiges et racines avec le nombre des lobes de l'embryon, lorsque, suivant l'observation de M. Desfontaines, on voit les tiges des plantes monocotylédones composées entièrement de faisceaux de fibres ou vaisseaux dirigés des racines au sommet du végétal, et épars dans un tissu utriculaire sans disposition régulière. Dans les dicotylédones, au contraire. les tiges et les racines présentent ces fibres disposées autour d'une moelle centrale, en couches concentriques, qui se recouvrent les unes les autres. De cette différence dans l'organisation, et par suite dans le cours de la séve, résultent une forme extérieure, un port général, qui ne permettent pas de confondre les végétaux de ces grandes classes. Les palmiers, qui sont monocotylédones, seront aisément distingués des arbres de nos forêts, tous dicotylédones. On ne sera jamais tenté de rapprocher une graminée ou une liliacée d'une sauge, d'une ombellifère, d'une légumineuse.

Lorsque ces premières grandes divisions sont solidement établies, on doit former des subdivisions, et si la graine ne peut en fournir les caractères, il faut les tirer des organes sexuels, qui, après elle, sont les plus essentiels, parce qu'ils concourent à sa formation, c'est-à-dire, à la conservation de la vie de l'espèce, qui réside dans la succession des individus semblables. Ces organes sont égaux en valeur, puisqu'ils ont une influence égale dans l'acte de la reproduction. Ils doivent donc aussi se réunir pour donner le caractère des premières subdivisions. Ce caractère, le seul qu'ils peuvent donner ensemble, le seul aussi qui soit constamment uniforme dans les familles connues, est leur situation respective, ou autrement l'insertion des étamines relativement au pistil. Elles peuvent être insérées sur quatre points différens, savoir, sur le pistil, sous le pistil, au calice, à la corolle. L'observation prouve que de ces quatre insertions les trois premières sont incompatibles et ne se trouvent jamais ensemble dans une même famille ou un même genre. La quatrième, au contraire, peut se retrouver avec chacune des trois autres dans une même réunion. Cette différence s'expliquera naturellement, si l'on observe que la corolle, dont la nature est la même que celle des filets des étamines, a toujours avec ces filets une origine commune, et peut en être regardée comme un appendice, d'où il suit qu'elle peut contracter avec eux une adhérence à sa base. Alors ces filets, qui partent du même point que la corolle et qui lui sont seulement unis, ont l'air d'être supportés par elle; ce qui établit cette quatrième sorte d'insertion. Mais cette corolle n'est alors qu'un support intermédiaire, dont la propre insertion indique celle de l'étamine supportée. Il en résulte que la corolle staminifère, attachée sur le pistil, ou sous le pistil, ou au calice, présente trois insertions propres, incompatibles entre elles (comme les insertions des étamines elles-mêmes), mais compatibles séparément avec chacune des insertions correspondantes de ces étamines. On peut alors établir pour règle et pour principe, que l'*insertion des étamines à la corolle est censée la même que l'insertion des étamines à la partie qui soutient la corolle.*

Cette règle, qui est confirmée par l'observation et par des exemples toujours tirés des familles connues, conduit à distinguer deux insertions principales des étamines; savoir: l'insertion *immédiate,* lorsqu'elles sont portées immédiatement sur un des trois points précités, et l'insertion *médiate*, lorsqu'elles sont portées sur ces mêmes points par l'intermède de la corolle.

En examinant plus attentivement ces deux insertions, l'on observe que, presque toujours, quand les étamines sont portées sur la corolle, elle est monopétale, c'est-à-dire d'une seule pièce : d'où il résulte que généralement les caractères d'insertion médiate et de corolle monopétale sont identiques, et peuvent se substituer l'un à l'autre, soit dans la valeur, soit dans l'expression. Si l'on continue d'observer les mêmes parties, on voit que l'insertion immédiate, qui admet la présence d'une corolle, ne l'exige pas toujours, et que cette insertion a lieu sur des plantes munies d'une corolle, ainsi que sur d'autres qui en sont dépourvues. Lorsque cette corolle n'existe pas, il est évident que cette insertion est *essentiellement immédiate*, puisque, le support voisin manquant, elle ne peut jamais devenir médiate. Quand, au contraire, la corolle existe sans porter les étamines, mais avec la possibilité de les porter quelquefois, l'insertion est *simplement immédiate*. Mais, dans ce dernier cas, l'observation prouve que généralement la corolle existante qui ne porte pas les étamines, est polypétale ou de plusieurs pièces. De là on peut conclure que les caractères de nullité de corolle et d'insertion essentiellement immédiate, sont absolument identiques et synonymes; que ceux de corolle polypétale et d'insertion simplement immédiate le sont également, à quelques exceptions près, et qu'ils peuvent aussi être substitués l'un à l'autre.

Cet exposé fait connoître suffisamment les divers caractères tirés de la situation respective des organes sexuels, ou autrement de l'insertion des étamines relativement au pistil. De plus, il est reconnu que ces caractères suivent ceux de l'embryon végétal dans la série des valeurs relatives, et qu'ils doivent en conséquence servir de base aux premières subdivisions des trois classes primitives. La première idée qui se présente alors, la plus conforme aux principes admis, est de distinguer dans chacune de ces classes les trois insertions principales sur le pistil, sous le pistil, au calice, et de rattacher à chacune d'elles l'insertion correspondante de la corolle portant les étamines. De cette manière on auroit seulement trois divisions dans les dicotylédones, et trois dans les monocotylédones; mais, les organes sexuels étant en général peu apparens dans les acotylédones, et leur existence étant même regardée comme problématique dans un grand nombre, cette grande division reste indivise jusqu'à ce qu'on ait des notions plus positives sur les plantes qui la composent. Alors le nombre des divisions et subdivisions se réduit à sept classes ou sous-classes.

Il faudroit s'en tenir à ce nombre, si, pour éviter toute exception ou toute variation, les classes ne peuvent être fondées que sur des caractères invariables, et nous serions dans le cas de borner ici l'exposition des principes naturels et de leur application à la méthode à laquelle ils doivent servir de base. Il ne seroit plus question que de répartir dans chacune des sept classes les familles qui ont leurs deux caractères principaux tirés de l'embryon et de l'insertion des étamines. Mais, si l'on observe que le nombre des familles maintenant adoptées s'élève à près de cent cinquante, et se trouve conséquemment assez considérable pour chaque classe, on sentira la nécessité de former de nouvelles subdivisions, sans s'écarter cependant des principes admis, et toujours en s'attachant aux caractères de plus grande valeur. Celui qui se présente le premier après les invariables, est le caractère tiré des insertions médiates ou immédiates, ou, autrement, de la corolle considérée comme existante ou nulle, comme monopétale ou polypétale. Quoiqu'il soit sujet à quelques variations, comme on l'a dit plus haut, il est cependant celui qui en présente le moins, et en l'employant pour des subdivisions, l'on peut multiplier le nombre des classes; ce qui diminue l'embarras pour la disposition des familles et peut faciliter beaucoup l'étude. Il est vrai que ce caractère n'est d'aucune utilité pour diviser, soit les acotylédones à cause des raisons déjà énoncées, soit les trois classes de monocotylédones dans lesquelles la corolle n'existe pas, puisque la partie que l'on a prise long-temps pour telle est un véritable calice. C'est donc dans les seules dicotylédones que l'on peut employer le caractère des insertions médiates, simplement immédiates, essentiellement immédiates, ou, en d'autres termes plus faciles à retenir, le caractère de plantes monopétales, polypétales, apétales. On établit ainsi, en admettant néanmoins quelques exceptions, dans chacune des trois classes de dicotylédones trois subdivisions, sans s'écarter des principes adoptés; et le nombre des classes dicotylédones s'élèveroit alors à neuf. De plus, la subdivision ou classe des monopétales à corolle épigyne ou portée sur le pistil peut être séparée en deux, d'après le caractère de ses étamines distinctes dans une de ses divisions, réunies par les anthères en une gaine dans l'autre, qui comprend uniquement la grande série des plantes composées. Cette séparation, qui dans les dicotylédones ajoute une dixième classe, ne divise point des familles et ne contrarie aucune affinité.

Il existe encore dans les dicotylédones plusieurs familles qui ont les organes sexuels constamment séparés dans des fleurs différentes, dites alors mâles ou femelles, selon l'organe qu'elles possèdent. La séparation de ces organes ne permet plus d'établir leur situation respective, ou plutôt elle les indique comme éloignés l'un de l'autre; ce qui fait une nouvelle situation respective, et peut donner lieu à l'établissement d'une classe distincte, qui sera celle des *diclines*, c'est-à-dire, ayant deux lits, lesquelles, à raison de cette séparation, ne sont point soumises aux règles indiquées pour les insertions. En adoptant les diclines, on obtient une nouvelle classe, qui, avec les dix précédentes, porte à onze celles des dicotylédones, dans chacune desquelles il sera plus facile de disposer les familles dans un ordre convenable, parce qu'elle en contiendra un nombre moindre.

Les diclines habituelles et constantes, comprenant des familles entières, sont seules admises dans la classe dont il vient d'être question. Il ne faudra point confondre avec ces plantes les diclines par avortement, dans les fleurs desquelles on voit souvent le rudiment de l'organe sexuel avorté. Ces dernières se trouvent quelquefois dans des familles de plantes à fleurs généralement hermaphrodites, dans lesquelles cet avortement fait une simple exception, lorsque d'ailleurs tous les autres caractères sont conformes. Celui qui est relatif aux insertions se tire alors des fleurs mâles, dont les étamines sont portées sur le calice ou sur le pivot central qui représente le support du pistil avorté. L'insertion est trop variable dans les diclines constantes pour qu'on puisse les rapporter à quelques-unes des classes qui les précèdent, sans être forcé de les morceler. Les diclines dans les dicotylédones nous rappellent qu'il en existe aussi dans les monocotylédones, et que ce caractère est généralement propre à des familles entières, telles que les typhinées et les aroïdes. Si on les séparoit de même des autres monocotylédones, on auroit dans cette grande division une classe de plus; mais dans ces familles les organes mâles et femelles sont ordinairement portés sur un même axe nommé *spadice*, tantôt séparés, tantôt rapprochés: conséquemment les étamines ont alors le même support que les pistils, et leur insertion tient en ce point à l'hypogynie, dans laquelle on les a placées depuis long-temps, sans égard à l'adhérence ou la non-adhérence du pistil avec le calice dans les fleurs femelles, parce que ce dernier caractère n'a point de relation essentielle avec l'insertion des étamines. On est d'autant plus disposé à ne point faire cette séparation, que dans les familles diclines il y a quelquefois des genres à fleurs hermaphrodites ou réputées telles, comme le *dracontium* dans les aroïdes, et que dans quelques familles à fleurs hermaphrodites il y a des genres à fleurs diclines par avortement, comme le *carex* dans les cypéracées, et le maïs dans les graminées. Après ces explications, qui lèveront peut-être quelques doutes, il faut passer à d'autres considérations importantes.

Pour bien concevoir ce qui a rapport à la disposition des familles, il faut remonter un moment aux genres et même aux espèces, et examiner d'abord comment celles-ci doivent être arrangées entre elles dans leur genre. La nature les dispose-t-elle suivant une série non interrompue, suivant une chaine dont chaque anneau seroit une espèce, de manière que cette espèce ne répondroit qu'à deux autres, et qu'on auroit une chaîne des êtres qui s'élèveroient par une seule ligne du plus simple au plus composé? Est-il plus probable, au contraire, que chacune, par ses affinités, se rapporte également, non pas à toutes ses congénères, mais au moins à plusieurs? Cette dernière opinion est plus conforme à l'observation, puisque dans l'arrangement des espèces on trouve souvent entre plusieurs des affinités tellement multipliées, que l'on est embarrassé pour les disposer en série très-naturelle. La même difficulté existe pour l'arrangement des genres en une famille et des familles en une classe. On peut donc dire avec vérité que l'ordre de la nature n'est pas une simple chaine dont chaque chaînon n'est en contact qu'avec deux autres; mais qu'il peut être plutôt comparé à une carte de géographie dont chaque point, formant pour lui-même un centre, correspond à plusieurs points environnans. Ainsi les expressions de chaîne, portion de chaîne et chaînons, expriment moins exactement les véritables rapports des plantes, que celles de faisceaux, groupes et masses.

Quoique l'on soit forcé de reconnoître que tel doit être le plan de la nature, on concevra en même temps que ce plan ne peut pas être suivi rigoureusement dans un livre dans lequel la forme typographique exige de ranger les objets, non en faisceaux, mais en série. pour les passer tous successivement en revue. Dans cette série ou cette exposition successive, le naturaliste, obligé de contrarier quelques rapports, doit s'étudier à conserver ceux qu'il croit les plus forts; ce qui lui sera quelquefois difficile à déterminer, surtout quand ces rapports sont presque égaux, ou quand ils sont fondés sur des caractères du troisième ordre, dont la valeur relative n'est pas encore déterminée avec précision : cette incertitude peut aussi donner lieu à des divergences d'opinions entre les naturalistes. La difficulté doit être la même pour disposer dans une série les genres d'une même famille qui offrent la même multiplicité de rapports; et si l'on remonte plus haut, elle s'accroîtra pour la distribution des familles dans une classe. L'embarras qui existe dans la rédaction d'un livre, doit être le même dans la disposition d'un jardin de botanique.

Toutes ces vérités seroient susceptibles de plus grands développemens; mais l'exposition abrégée qui vient d'être faite suffit pour prouver qu'il existe une méthode naturelle, pour donner une idée de cette méthode et de sa prééminence sur les méthodes artificielles, pour prouver que la vraie science consiste dans l'étude des affinités, qui conduit à cette méthode, et pour indiquer les nouvelles recherches à faire.

La connoissance des lois naturelles sur lesquelles sont fondées les affinités, nous donne maintenant les moyens d'apprécier les travaux dirigés par quelques auteurs vers la recherche de la méthode naturelle.

Linnæus, dans ses *Classes plantarum*, publiées en 1738, a présenté ses *fragmenta methodi naturalis*, au nombre de 64, qu'il a changés à plusieurs reprises, et réduits à 58 en 1764. Un simple aperçu de ces différentes compositions prouve que la dernière, ne conservant que 15 familles sans mélange de genres étrangers, est inférieure à la première, qui en présentoit plus de 30 conformes aux familles maintenant adoptées. Dans celle-ci, à l'examen de laquelle nous nous bornons, plusieurs familles sont quelquefois réunies dans la même, et doivent tantôt rester voisines, tantôt être très-éloignées. On en trouve plus de quinze surchargées de genres étrangers quelquefois très-disparates, et même on voit des dicotylédones mêlées à des monocotylédones. Enfin, la disposition générale des ordres est très-irrégulière, et l'auteur lui-même déclare dans sa préface qu'il n'a suivi aucune loi naturelle : *Nullà lege naturali ordines post se invicem recensui; sed unicè genera indigitare studui, ordine quæ conveniunt eodem. Class. plant.*, p. 487.

On peut adresser les mêmes reproches et les mêmes éloges aux familles d'Adanson, qui sont au nombre de 58. Plus de la moitié sont naturelles; mais il s'y glisse fréquemment des genres étrangers, et douze ou treize seulement sont sans mélange. Dans quelques-unes on en voit deux ou trois, ou quelquefois jusqu'à six, réunies sous le même titre, et des monocotylédones mêlées avec des dicotylédones, des insertions hypogynes avec des insertions périgynes ou épigynes : et celle des cistes, qui en offre des exemples, contient plus de vingt groupes ou genres appartenant à des familles différentes. Cependant on trouve dans ce travail des rapprochemens heureux; les caractères mis à la tête des familles sont très-détaillés et remplis d'observations intéressantes, et leur disposition générale n'est pas si éloignée des principes maintenant admis que celle des *Fragmenta*, quoiqu'on ne puisse reconnoître sur quelle base elle est fondée.

Les ordres tracés par Bernard de Jussieu dans le jardin de Trianon, sont au nombre de 62, dont plus de la moitié est entièrement conforme aux familles actuelles. Plusieurs autres, également conformes, diffèrent seulement par l'addition de genres étrangers qui ont dû en être séparés. D'autres sont une réunion de plusieurs familles, qui doivent tantôt rester voisines, tantôt être plus ou moins éloignées. L'auteur, n'ayant donné qu'un simple catalogue manuscrit sans aucune autre addition, n'a point caractérisé ses ordres, et de même il n'a pas motivé leur disposition respective. Mais, si on étudie avec soin cette disposition, l'on reconnoît d'abord que, sans indiquer les classes, il a adopté les trois grandes divisions caractérisées par l'embryon. Les premiers ordres appartiennent aux acotylédones, excepté néanmoins les naïades, qui en ont été séparées plus récemment, et les aristoloches, qui doivent être reportées très-loin. Dans les monocotylédones, qui suivent, on voit paroître successivement les ordres à étamines épigynes, ceux à étamines périgynes, et ceux à étamines hypogynes : ce qui prouve qu'il apprécioit les caractères tirés des insertions. Dans les dicotylédones il suit la même marche, la même distinction, en terminant seulement par la périgynie, et rapportant à chacune les plantes monopétales, polypétales et apétales qui ont la même insertion, tantôt entremêlées, tantôt se suivant séparément. Il termine sa série par les amentacées réunies aux urticées, les euphorbiacées et les conifères. On voit que, sans avoir proclamé les lois naturelles, il leur a presque toujours obéi tacitement. Son travail se rapproche plus de la nature que ceux de Linnæus et d'Adanson, et l'on peut être surpris que celui-ci, écrivant après la plantation du jardin de Trianon, n'en ait pas profité.

La distribution de Bernard de Jussieu, presque conforme à la nature dans la première disposition des masses, ne l'étoit pas de même dans l'arrangement des familles de chaque division principale. Il sentoit lui-même la nécessité de faire de nouvelles observations, pour éclaircir beaucoup de doutes et pour mieux déterminer les véritables affinités qui doivent être le but principal de nos travaux. Nous avons dit que, pour disposer plus facilement les familles, il falloit multiplier les grandes divisions en s'attachant toujours aux caractères les plus solides, et on a vu comment ce nombre de classes a pu être augmenté dans les dicotylédones d'après des considérations tirées de la corolle. Il nous a paru cependant que, pour la facilité de l'étude, qui doit aussi nous occuper, pour avoir dans les grandes divisions des caractères principaux aisés à saisir, pour se rapprocher un peu en ce point de la méthode de Tournefort, fondée sur la corolle, il falloit donner la préférence aux insertions médiates et immédiates sur les insertions hypogynes, périgynes et épigynes, et ne pas suivre à la rigueur les premiers principes établis. On aura les mêmes classes, mais présentées dans les dicotylédones suivant une autre série. Ainsi, en laissant subsister les quatre classes des deux premières grandes divisions dans leur intégrité et sans aucun changement, nous distinguerons d'abord les dicotylédones en plantes apétales, monopétales et polypétales. Dans les apétales ou à insertion essentiellement immédiate, on distinguera les trois classes, à étamines épigynes, périgynes et hypogynes. Si l'on passe ensuite aux plantes à corolle monopétale ou à insertion médiate, et si l'on se rappelle que l'insertion de cette corolle devient alors caractère essentiel et de premier ordre, on subdivisera les monopétales en corolle hypogyne, périgyne et épigyne; et les épigynes seront encore divisées en synanthères ou à anthères réunies, et en corisanthères ou à anthères distinctes. Les plantes polypétales ou à insertion simplement immédiate seront divisées, comme les apétales, d'après les insertions des étamines épigynes, hypogynes et périgynes, sans aucune subdivision ultérieure. La classe des diclines, déjà mentionnée, terminera cette série de onze classes, qui, jointes aux quatre précédentes, en portent le nombre total à quinze, dans lesquelles on peut disposer toutes les familles connues sans les décomposer. Il faut seulement reconnoître que les caractères de la corolle employés ici, étant du second ordre, peuvent varier par exception : ainsi, dans une famille monopétale on trouve rarement une plante polypétale et d'ailleurs semblable dans tous les autres points, comme la pyrole dans les éricinées, ou quelques plantes apétales, comme le frêne dans les jasminées ; et parmi des polypétales se glissent quelquefois des monopétales, comme un trèfle dans les légumineuses, ou des apétales, comme le caroubier dans les mêmes et un *lepidium* dans les crucifères : mais ces exceptions sont rares et beaucoup moins nombreuses que dans les systèmes arbitraires.

Dans les classes apétales on ne voit pas de monopétales ; car il ne faut pas citer ici le plantain et le *plumbago*, sur la corolle desquels il reste des doutes à éclaircir : mais il seroit moins surprenant d'y trouver des plantes polypétales, surtout si l'on prend pour pétales de petits appendices existans dans les fleurs de quelques thymélées et amaranthacées, lesquels manquent dans les autres genres de ces familles. Ces appendices sont plus grands dans plusieurs genres de celle des euphorbiacées faisant partie de la classe des diclines ; mais, comme beaucoup de genres voisins en sont dépourvus, comme de plus ils manquent souvent dans les fleurs femelles des genres dont les mâles en sont munies, il paroîtra peut-être plus naturel de les considérer moins comme des pétales que comme des filets élargis d'étamines avortées. D'ailleurs, la classe des diclines n'étant pas soumise à la loi des insertions, puisque les organes sexuels sont séparés, les anomalies de cette classe, relativement à la corolle, deviennent étrangères à cette loi, et n'augmentent pas le nombre des exceptions résultantes de l'emploi que l'on fait des insertions médiates et immédiates, dans l'intention de multiplier les classes et de faire une répartition plus facile des familles.

Pour ne rien négliger de ce qui peut faciliter l'étude et aider la mémoire en simplifiant la nomenclature, nous avons cru devoir, à l'imitation des méthodes arbitraires, désigner chaque classe par un seul nom. Ceux d'acotylédones et de diclines sont conservés. Les monocotylédones sont divisées en *monohypogynes*, *monopérigynes* et *monoépigynes*. Si dans les dicotylédones on nomme les apétales *staminées*, les monopécales *corollées*, les polypétales *pétalées*, et si l'on fait précéder chacun de ces mots par les termes *hypo*, *péri*, *épi*, qui expriment les trois points d'insertion, on aura les neuf classes de *épi*, *péri* et *hypostaminées; hypo*, *péri* et *épicorollées; épi*, *hypo* et *péripétalées;* et les épicorollées seront divisées en *synanthères* ou à anthères réunies, et *corisanthères* ou à anthères distinctes. Nous avons déjà proposé cette nomenclature, avec les dispositions précédentes, dans l'article Dicotylédones de ce Dictionnaire, en reconnoissant qu'elle péchoit un peu contre les principes de la langue grecque, mais en observant qu'il falloit pardonner cette inversion en faveur de l'utilité. Cette nomenclature peut être ainsi présentée en tableau.

Acotylédones			*Acotylédones*	1
Monocotylédones		Étamines hypogynes	*Monohypogynes.*	2
		Étamines périgynes.	*Monopérigynes..*	3
		Étamines épigynes..	*Monoépigynes..*	4
Dicotylédones	Apétales	Étamines épigynes..	*Épistaminées*	5
		Étamines périgynes.	*Péristaminées*	6
		Étamines hypogynes.	*Hypostaminées*	7
	Monopétales.	Corolle hypogyne..	*Hypocorollées.*	8
		Corolle périgyne..	*Péricorollées.*	9
		Corolle épigyne....	*Épicorollées :*	
		Anthères réunies..	*Synanthères*	10
		Anthères distinctes.	*Corisanthères.*	11
	Polypétales..	Étamines épigynes..	*Épipétalées*	12
		Étamines hypogynes.	*Hypopétalées*	13
		Étamines périgynes.	*Péripétalées*	14
	Diclines		*Diclines*	15

Les quinze classes étant adoptées, il convient ensuite de les diviser en familles. Pour établir celles-ci, on ne peut employer, outre les caractères de la classe, que ceux du périsperme, et d'autres de valeur inférieure tirés du troisième ordre, c'est-à-dire, tantôt constans, tantôt variables; et on ne leur donnera de la force que par la réunion de plusieurs, qui peuvent varier chacun séparément, mais dont l'ensemble doit subsister. C'est ainsi que sont formées les familles très-naturelles et généralement avouées. On extrait de tous les genres qui composent chacune d'elles les caractères communs à tous, sans excepter ceux qui n'appartiennent pas à la fructification, et la réunion de ces caractères communs constitue celui de la famille. Plus les ressemblances sont nombreuses, plus les familles sont naturelles, et par suite le caractère général est plus chargé. En procédant ainsi, on parvient plus sûrement au but principal de la science, qui est, non de nommer une plante, mais de connoître sa nature et son organisation entière, puisqu'il suffira de savoir quelle est sa famille pour apercevoir déjà l'ensemble de ses principaux caractères. On n'aura plus alors qu'à étudier les différences moindres qui la distinguent des autres plantes de la même famille. Si l'on éprouve quelque difficulté pour graver dans sa mémoire les caractères de familles, toujours plus ou moins nombreux, on en est dédommagé par la facilité de distinguer les genres, dont les caractères sont d'autant moins chargés que ceux des familles le sont plus. C'est l'inverse dans les méthodes arbitraires, qui ont les caractères de classes et de sections très-simples et faciles à retenir, pendant que ceux des genres sont nombreux et plus compliqués.

A ces avantages de la méthode naturelle sur le systéme artificiel on ajoutera que la première ne peut omettre aucun caractère important, pendant que le système qui se contente des caractères saillans propres à faire nommer la plante, en néglige beaucoup d'autres, quelquefois supérieurs. Celui de Linnæus ne dit souvent rien de l'insertion des étamines, de la structure intérieure du fruit, et jamais il ne parle de celle de la graine ni de son embryon. On a vu aussi plus haut l'inconvénient de donner trop d'importance à des caractères de moindre valeur, inconvénient qui est évité par la méthode naturelle. De plus, comme celle-ci emploie tous les caractères communs aux genres d'une famille, même ceux, étrangers à

la fructification, qui constituent ce qu'on nomme le port de la plante, elle peut souvent, d'après ce port, déterminer la famille d'une plante sans le secours des caractères de la fructification, toujours nécessaires au système pour la classer. Ainsi des feuilles opposées avec une stipule intermédiaire indiquent ordinairement une rubiacée ; de jeunes feuilles roulées en-dessous, ayant une gaine à leur base, font reconnoître une polygonée.

Cette méthode offre encore un intérêt d'un genre particulier, en montrant plusieurs caractères tellement associés qu'ils ne peuvent exister l'un sans l'autre, de sorte que leur variation est moins possible, parce qu'il faudroit qu'elle portât sur tous ensemble. Cela aide à expliquer pourquoi certaines variations sont plus communes ou plus rares dans une famille que dans une autre, et à résoudre ce qu'on peut nommer des problèmes en botanique. Ainsi, comme la corolle monopétale exige un calice d'une seule pièce, et porte ordinairement les étamines qui sont en nombre défini, il est plus facile à la corolle des légumineuses et des caryophyllées, qui ont ce calice et ce nombre défini, de devenir monopétale et staminifère, qu'à la corolle des cistées et des papavéracées, qui ont des étamines nombreuses et un calice divisé. Cette union entre certains caractères particuliers n'a point été omise dans l'ouvrage qui présente l'ensemble des familles, et on la trouve énoncée à la suite du caractère général de chaque classe. On peut, par son moyen, rectifier des descriptions fautives, de même que la loi sur les affinités doit empêcher la discordance dans les réunions d'espèces, de genres et de familles. L'inégalité de valeur des caractères a introduit dans la botanique actuelle, sinon une géométrie positive, au moins une espèce de calcul qui se perfectionnera à mesure que les valeurs relatives seront mieux déterminées. L'obligation d'étudier des problèmes, de calculer des valeurs, et d'appliquer ce calcul à beaucoup de parties.

donne une nouvelle direction à la science dégagée des lois arbitraires. Elle doit exercer l'imagination, et ouvrir un vaste champ à l'observateur qui, cherchant à deviner les secrets de la nature, pourra en même temps, et jusque dans les moindres choses, reconnoître et admirer l'œuvre du Créateur.

Enfin, la méthode naturelle procure encore un avantage réel à la médecine et aux arts, en faisant connoître les propriétés d'une plante à l'inspection de ses caractères, en montrant l'identité de propriété entre les espèces d'un genre et les genres d'une famille, avec les nuances qui dépendent de la différente proportion des mêmes élémens existant dans les plantes qui ont à peu près la même organisation. Les labiées, qui possèdent un principe aromatique et un principe amer, sont céphaliques comme le romarin, ou simplement stomachiques comme la germandrée, selon le principe qui prédomine. Dans la famille des lichens beaucoup d'espèces sont tinctoriales. Le médecin qui a étudié cette méthode, peut, dans sa pratique à la campagne, substituer avec succès une plante indigène à une autre plus rare de la même famille; il pourra aussi dans les pays lointains, dans les relâches des navigateurs, reconnoître, par analogie, les végétaux propres à restaurer les équipages épuisés par de longues privations. Ce rapport des propriétés avec les caractères a été reconnu depuis long-temps. Linnæus en parle dans son *Philosophia botanica;* il est l'objet d'un petit mémoire que nous avons inséré dans le Recueil de la Société royale de médecine, année 1786; mais plus récemment M. De Candolle l'a développé avec sa sagacité ordinaire dans un ouvrage spécial, en passant en revue toutes les familles connues.

Ainsi l'utilité de cette méthode dans l'économie, la médecine et les arts, ne peut être douteuse; elle affermit aussi la marche dans l'étude des végétaux. Celui qui s'occupera constamment des moyens de la perfectionner, en suivant cette

marche, ne fera aucun pas rétrograde, et chaque rapprochement qu'il aura fait sera un point admis pour toujours. L'inversion des classes, adoptée pour la facilité de l'étude, ne peut nuire aux progrès de la science, tant que ces classes seront simplement transposées sans éprouver aucune décomposition, et que les familles seront conservées dans leur intégrité. Si dans ces classes on n'a pas toujours réussi à disposer les familles suivant un ordre invariable et naturel, de manière qu'elles se suivent toutes sans interruption, au moins on est déjà parvenu à déterminer les rapports naturels de plusieurs et à les rassembler en groupes partiels indissolubles, lesquels pourront, dans la suite, se lier les uns aux autres par l'intermède de familles nouvelles non encore découvertes, ou de quelque ancienne dont les caractères auront été mieux étudiés. En attendant que cette liaison générale puisse être solidement établie, on devra chercher à multiplier ces groupes, et à diminuer ainsi le nombre des lacunes existantes.

Relativement aux exceptions nécessitées dans certaines classes par suite du choix forcé des caractères du second ordre quelquefois variables, on pourra observer qu'elles sont plus rares dans certaines classes que dans d'autres. Ainsi, dans les classes monopétales, la corolle devient rarement polypétale, et manque dans un seul genre. Il n'en est pas de même dans les classes polypétales et apétales, lesquelles, à raison de l'insertion immédiate qui leur est commune, ont entre elles plus d'affinité qu'avec les monopétales. La corolle manque plus souvent dans les polypétales; d'une autre part celles-ci contiennent moins de monopétales, parce que ce dernier changement exige pour l'ordinaire celui d'un second caractère, c'est-à-dire, la transposition des étamines sur cette corolle: et l'on sait qu'il est plus difficile que deux caractères varient à la fois qu'un seul. Si l'on refuse le nom de pétales à certains appendices de la fleur observés dans quelques classes apétales, on trouvera dans celles-ci moins d'exceptions.

Cet exposé des principes naturels et de leur application à l'établissement de la méthode, est une traduction libre, ou plutôt un extrait abrégé d'un plus grand travail publié depuis long-temps dans une autre langue, rédigé ici sous une forme un peu différente et dans un style simple, convenable au recueil auquel cet article est destiné, et à la manière de traiter ce sujet. On y aura remarqué des répétitions nécessaires pour mieux fixer l'attention et donner plus de suite aux raisonnemens, lorsqu'il falloit parler d'abord des corps organisés en général, puis des végétaux en particulier, considérés soit systématiquement, soit dans l'ordre naturel. Cet extrait pourra au moins donner une idée du but actuel de la science des plantes, aux personnes détournées par d'autres occupations, et pour lesquelles ceci est spécialement écrit. Les naturalistes qui y jetteront les yeux, reconnoîtront l'expression de leurs pensées sur plusieurs points; et leurs méditations ultérieures, leurs observations nouvelles donneront les moyens d'agrandir ce plan, d'ajouter de nouveaux caractères, d'apprécier plus sûrement la valeur relative de ceux qui sont connus, et de mieux déterminer ainsi les véritables degrés d'affinité qui font la base fondamentale de la science des végétaux.

Déjà nous jouissons du résultat des travaux de plusieurs zélés partisans de l'ordre naturel. Les uns, dans leurs voyages et leurs excursions botaniques, ont recueilli beaucoup de plantes nouvelles, décrites avec soin, et sans omettre les caractères essentiels de leurs espèces et de leurs genres dont ils ont déterminé les familles. Ces diverses recherches ont plus que doublé depuis trente ans le nombre des plantes connues, qui ne s'élevoit pas alors à plus de vingt mille. D'autres ont fait mieux connoître certains caractères auparavant négligés et maintenant jugés plus importans; ils ont su, en les employant, bien diviser certains genres trop nombreux en espèces, mieux

caractériser quelques familles, disposer quelques-unes dans une série plus naturelle, sans décomposer les classes primitives, les augmenter toutes des nouvelles productions de pays étrangers, établir de nouvelles familles, soit en détachant quelques sections des anciennes, soit en les formant de genres entièrement nouveaux.

Chargés de donner, dans ce Dictionnaire, le caractère des familles, nous les traçons suivant les principes précédemment énoncés, en insistant particulièrement sur celles qui ont été récemment établies, en joignant à toutes l'énumération des genres qui s'y rapportent, et citant partout le nom des auteurs auxquels nous devons toutes ces publications nouvelles, pour signaler à la reconnoissance et à l'estime publique les savans qui ont par là contribué aux progrès de cette partie si intéressante de l'histoire naturelle.

FIN.

STRASBOURG, de l'imprimerie de F. G. Levrault.

www.ingramcontent.com/pod-product-compliance
Ingram Content Group UK Ltd.
Pitfield, Milton Keynes, MK11 3LW, UK
UKHW021030180726
13838UKWH00004B/1704

9 782329 434711